El regreso del CHARRÁNES

Cómo los científicos están salvando a las aves de islas

por Jennifer Keats Curtis con Kim Abplanalp
ilustrado por Phyllis Saroff

I0109627

Este libro es sobre un programa realizado en Maryland. La autora desea agradecer al Dr. Roman Jesien del *Maryland Coastal Bays Program*; a Dave Brinker del *Department of Natural Resources* de Maryland; y a Pete McGowan de *U.S. Fish and Wildlife*.

Un arenero gigante flota sobre el agua. El cuadrado inmenso es del tamaño de un apartamento. Está lleno de caracolas trituradas, pasto verde, carpas diminutas y aves, muchísimas aves.

Las aves son más o menos del tamaño de un perrito caliente. Con caperuzas negras y pequeñas sobre sus cabezas blancas, estas saltan sobre sus patas delgadas y anaranjadas. Abren sus picos rojos como la salsa de tomate. Y hacen un sonido agudo: *keek, keek, keek.*

Este arenero no es fácil de encontrar. Está lejos de los vecinos ruidosos, tanto animales como personas. Este lugar secreto es el pueblo de las aves o, en este caso, el Pueblo Charrán.

Estas preciosas aves son charranes comunes. No están realmente en un arenero. El Pueblo Charrán es una isla inmensa y flotante. Los científicos han creado esta isla (una balsa gigante) como escape de temporada. El hogar de verano habitual de las aves (una isla pequeña) ha desaparecido. Y si no fuera por la balsa, estos charranes no tendrían otro lugar para ir.

Las carpas diminutas son refugios fabricados de madera.
El pasto es artificial. Y también lo son algunas aves.

Las que están paralizadas son señuelos. Los científicos utilizan aves ficticias para atraer a los charranes hacia este nuevo punto. Muchos de los sonidos "*keek keek keek*" son grabaciones que los expertos utilizan por la misma razón. A los charranes no parece importarles. Se comportan sobre la balsa como si estuvieran en sus terrenos de crianza normales: arena, caracolas trituradas y pasto sobre pequeñas islas.

¿Por qué las aves vuelan hacia el mismo lugar todos los años? Las criaturas aladas tienen mapas (y quizá calendarios) en sus cabezas. Ese cuadro en sus cerebros les guía hacia los mismos puntos migratorios más o menos al mismo tiempo cada año.

Mientras las islas pequeñas desaparecen, las aves continúan volando hacia sus lugares de verano regulares. No saben que estos sitios ya no existen. Si sus destinos ya no están deben dirigirse hacia otro lugar.

Las balsas se construyeron por desesperación, puntualmente cuando solo regresaron 30 parejas durante un año. Este año más de 300 parejas han hecho de la balsa su hogar de verano. Hasta que estas pequeñas islas sean reconstruidas, los científicos esperan que las aves utilicen islas artificiales como hábitats. De otra forma estos animales no tendrían dónde hacer una parada, descansar, poner sus huevos y traer a sus familias. Se mantendrían en peligro de extinción a nivel local, o algo mucho peor.

Debido a que es junio encontramos huevos moteados y grises, no más grandes que malvaviscos, entre las caracolas. Afortunadamente la balsa les proporciona más protección que sus islas "normales".

La mayoría de los charranes escarban un pequeño hoyo con sus patas y pico. Agitan sus cuerpos dentro de la arena y las caracolas para hacer un nido. Esto significa que los huevos tienen mayores probabilidades de mojarse durante mareas altas. Y por ello son encontrados fácilmente por depredadores, tales como gaviotas o aves de rapiña.

En las playas los huevos están bien camuflados. Aunque personas y sus perros los pueden pisar sin darse cuenta.

Ahora es emocionante ver a tantas aves usando esta balsa; pero no es suficiente. Los científicos sabrán que las balsas están funcionando si los charranes regresan cada año. ¿Las balsas pueden ayudar a salvar a los charranes hasta que se encuentre una solución más permanente?

Cada semana los científicos navegan hasta la balsa para colocar bandas en los charranes. Las aves reciben dos piezas: una tobillera metálica en una pata y una cinta blanca con números en negro en la otra. Estas muestran de dónde son las aves y permiten que los científicos lean los caracteres a distancia.

Para capturar a las aves adultas, los científicos primero toman los huevos y los colocan en un contenedor seguro. Luego colocan huevos ficticios en los nidos y los cubren con una trampa pequeña y transparente.

La trampa se cierra cuando el charrán se agacha sobre el huevo ficticio para incubarlo. Las aves no parecen darse cuenta hasta que les sacan cuidadosamente de la misma.

Los científicos miden los picos de las aves
y el tamaño de sus alas. Colocan las cintas
alrededor de las patas de los charranes.
Luego las aves regresan a la balsa y hasta
sus huevos con los nuevos accesorios. Ahora
los científicos pueden identificar fácilmente
qué aves regresan al año siguiente.

Dentro de algunas semanas nacen los bebés, utilizando un diente diminuto para romper los huevos. Los polluelos son cubiertos hacia abajo. Abren sus ojos. E incluso pueden caminar.

Cuando los polluelos esponjosos tienen unos pocos días de vida los científicos se ponen cascos y regresan para colocarles sus cintas. Los cascos les protegen en contra de padres charranes disgustados. ¡Estos se lanzan directamente hacia la cabeza de cualquiera que se acerque a sus bebés!

Muchos pequeñuelos no regresan a la balsa hasta que son suficientemente mayores para tener crías y familias propias.

En otoño las aves parten de
regreso hacia América del Sur.

Una vez que todas las aves se han ido, los científicos remolcan la balsa de vuelta hacia tierra firme. La desarman y la almacenan para pasar el invierno. Luego, en primavera, la llevan de vuelta hacia el punto secreto y la redecoran con pequeñas caracolas, pasto, refugios pequeños y señuelos.

Y luego esperan el regreso de los charranes.

Para las mentes creativas

Empareja a los charranes por edad

Identifica al charrán por su edad

1. Soy un huevo esperando a eclosionar
2. Soy una cría que apenas está saliendo del huevo
3. Estoy esperando a mi hermano o hermana para eclosionar. Nuestros padres nos cuidan muy bien.
4. Tengo cuatro o cinco días de haber nacido, soy una cría pequeña.
5. Puedo salir del nido y volar.
6. Soy un adulto.

A

B

C

D

E

F

Respuestas: 1D; 2C; 3F; 4A; 5E, 6B

Meriendas de aves costeras

Diferentes aves costeras comen distintas cosas. ¡Los charranes comunes comen peces pequeños, incluyendo al lazón americano, mendhaden, leiostomus xanthurus, sardina atlántica, anchoas del golfo, e incluso cangrejos! Identifica lo que están comiendo los charranes en las fotografías.

Datos divertidos

Empareja la afirmación con la foto.

1. Los charranes se refrescan "jadeando". Debido a que las aves no pueden sudar, se refrescan abriendo sus picos. Incluso pueden extender sus alas para sentir la brisa o entrar al agua.

2. Los adultos hacen nidos escarbando la arena (o caracolas trituradas) con sus picos y moviendo sus barrigas hasta que se establecen. Algunas veces agregan pastos marinos que llegan sobre la balsa.

3. Tanto a los adultos charranes como a sus polluelos les colocan cintas para reconocerlos individualmente, registrar información sobre ellos y reportar cuándo se van de la balsa.

4. La balsa está fabricada de secciones ensambladas, fijadas y ancladas para la temporada de verano de los charranes. La balsa es de 48 x 48 pies cuando está completada.

5. El Maryland Coastal Bays Program celebra cada año un Día de Bahía en el que los niños pueden pintar los refugios que serán utilizados en la balsa.

A

B
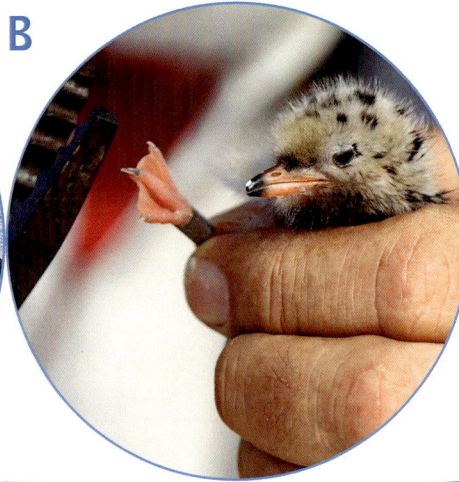

C

D

E

Respuestas: 1E; 2C; 3B; 4A, 5D

¿Qué hay sobre la balsa?

Todo lo que los científicos colocan sobre la balsa tiene una razón. Descubre si puedes unir la descripción con el objeto correspondiente.

1. Los refugios ofrecen a las aves un lugar para evitar la luz solar directa y estar a salvo en contra de depredadores.

2. Los señuelos ayudan a las aves a pensar que ya hay otras aves sobre la balsa, haciéndoles saber que es un lugar seguro. Los científicos también reproducen sonidos para atraer a las aves.

3. El pasto artificial es "plantado" porque los científicos no podrían regar pasto real sobre la balsa en la bahía.

4. Se utilizan caracolas rotas en lugar de arena, ya que la segunda podría ser arrastrada por el viento.

5. Las aves jóvenes pueden ser fuertes para volar fuera de la balsa, pero no haber crecido aún (o no tener los suficientes músculos) para salir del agua. Estas aves pueden remar hasta la rampa para subir a la balsa. La pendiente de la rampa es igual a la pendiente de la isla.

Respuestas: 1D; 2C; 3A; 4E, 5B

La balsa de este libro está basada en el trabajo entre el *Maryland Coastal Bays Program (MCBP)*, el *Wildlife Heritage Service* del Department of Natural Resources (DNR) de Maryland y *Audubon Mid-Atlantic*. Estos quieren agradecer al excelente grupo de voluntarios que hacen de este proyecto un éxito. Agradecimientos especiales a Todd Peterson, John Collins, Karin y Tom Johnson, y a Frances y Matt Cole por todo su apoyo.

Library of Congress Cataloging-in-Publication Data

Names: Curtis, Jennifer Keats, author. | Abplanalp, Kim, author. | Saroff, Phyllis V., illustrator.
Title: El regreso del charranes : cómo los científicos están salvando a las aves de islas / por Jennifer Keats Curtis con Kim Abplanalp, illustrado por Phyllis Saroff.
Other titles: Return of the terns. Spanish
Description: Mt. Pleasant, SC : Arbordale Publishing, [2025] | Translation of: Return of the terns. | Includes bibliographical references.
Identifiers: LCCN 2024039044 (print) | LCCN 2024039045 (ebook) | ISBN 9781638173472 (Spanish ; paperback) | ISBN 9781638173335 (Dual-language ; read along) | ISBN 9781638173595 (Spanish ; ePub3) | ISBN 9781638173656 (Spanish ; PDF)
Subjects: LCSH: Terns--Habitat--Juvenile literature. | Bird refuges--Maryland--Juvenile literature. | Wildlife conservation--Maryland.
Classification: LCC QL696.C46 C8718 2025 (print) | LCC QL696.C46 (ebook) | DDC 598.3/3809752--dc23/eng/20241022

Este libro también está disponible en inglés: Return of the Terns: How Scientists Are Saving Island Birds
English paperback ISBN: 9781638173298 English ePub ISBN: 9781638173373 English PDF ebook ISBN: 9781638173410

Nivel de Lexile® 780L

Bibliografía:
A "Hail Mary" to Save Some Species of Birds in Maryland." PBS NewsHour, 6 June 2021, www.pbs.org/newshour/show/a-hail-mary-to-save-some-species-of-birds-in-maryland.
"A Tale of Two Colonies." Conserve Wildlife Foundation of New Jersey, 24 Sept. 2015, www.conservewildlifenj.org/blog/2015/09/24/a-tale-of-two-colonies/.
Admin, Page. "Endangered Terns Nest on Raft Built by Md. Coastal Bays - Worcester County News Bayside Gazette." Berlin, Ocean Pines News Worcester County Bayside Gazette, 13 Apr. 2023, baysideoc.net/endangered-terns-nest-on-raft-built-by-md-coastal-bays/.
Bon Voyage to the Terns! - OceanCity.com. 13 Sept. 2022, www.oceancity.com/bon-voyage-to-the-terns/.
"Common Tern Recovery Project." Audubon Vermont, 21 Jan. 2016, vt.audubon.org/conservation/common-tern-recovery-project.
"Common Tern Sounds, All about Birds, Cornell Lab of Ornithology." Www.allaboutbirds.org, www.allaboutbirds.org/guide/Common_Tern/sounds#:~:text=In%20flight%20or%20in%20territorial.
"Could Artificial Islands Be the Key to Saving Some Endangered Birds?" Scripps News, scrippsnews.com/stories/could-artificial-islands-be-the-key-to-saving-some-endangered-birds/.
Liptak, Matt. "2022 Maryland Common Tern Colony Saw Explosive Growth Thanks to Raft Project." Maryland Wilds, 16 Oct. 2022, marylandwilds.com/2022/10/16/2022-maryland-common-tern-colony-saw-explosive-growth-thanks-to-raft-project/.
Magazine, Hakai. "Threatened Seabirds Get a Life Raft in Maryland." Hakai Magazine, hakaimagazine.com/news/threatened-seabirds-get-a-life-raft-in-maryland/.
"Nesting Platform Initiative for Endangered Birds in Maryland Coastal Bays Is a Big Success." News.maryland.gov, news.maryland.gov/dnr/2022/09/29/nesting-platform-initiative-for-endangered-birds-in-maryland-coastal-bays-is-a-big-success/.
Ralph Simon Palmer. A Behavior Study of the Common Tern. 1941.
"Restoring the Shore: Touring Coastal Projects in Maryland's Coastal Bays Region | Maryland Sea Grant." Www.mdsg.umd.edu, www.mdsg.umd.edu/onthebay-blog/restoring-shore-touring-coastal-projects-marylands-coastal-bays-region.
Wendy Coolen. "Beachnester Buzz: A Day in the Life of a Beachnester." Conserve Wildlife Foundation of New Jersey, 8 Aug. 2016, www.conservewildlifenj.org/blog/2016/08/08/beachnester-buzz-a-day-in-the-life-of-a-beachnester/.
"Will a Few Good Terns Attract Others?" WYPR, 30 July 2021, www.wypr.org/wypr-news/2021-07-30/will-a-few-good-terns-attract-others.

Impreso en los EE.UU.
Este producto se ajusta al CPSIA 2008

Arbordale Publishing
Mt. Pleasant, SC 29464
www.ArbordalePublishing.com